L'INVENTION

DES GLOBES

AÉROSTATIQUES;

HOMMAGE

A MM. DE MONTGOLFIER,

Par M. le Comte D'IMBERT DE LA PLATIÈRE,
*Lieutenant - Colonel de Troupes Légères, Chevalier
de l'Ordre Chapitral & Militaire de l'ancienne
Noblesse d'Empire, des Académies de Rome, &c.*

A LONDRES,

Et se trouve à PARIS,

Chez CAILLEAU, Imprimeur-Libraire, rue Galande,
Nº. 64.

M. DCC. LXXXIV.

A MONSIEUR

LE CHEVALIER

E GRASSET DE SAINT-SAUVEUR,
Ancien Vice - Conful de France en Hongrie.

A tendre amitié pour vous, mon cher Chevalier, 'ous eft trop connue, pour avoir befoin des proteftations onfacrées par l'ufage ; permettez que cette bagatelle aroiffe fous les aufpices du fentiment qui nous lie fi troitement depuis notre enfance. Je m'y abandonne, e vous jure, avec autant de plaifir que j'en aurai à pprendre le fuccès mérité que doit avoir l'Ouvrage urieux (1) & intéreffant que vous allez donner au ublic. Agréez, avec l'expreffion de mon véritable ttachement, les vœux que je forme pour tout ce qui eut vous être agréable.

Le Comte D'IMBERT DE LA PLATIÈRE.

----

(1) Coftumes civils actuels de tous les Peuples connus, deffinés 'après nature, & coloriés ; avec l'Abrégé hiftorique de leurs fœurs, Coutumes, Religion, Commerce, &c. &c. , propofés ar foufcription, à Paris, chez Caïlleau, rue Gallande.

RÉPONSE

A la Lettre de M. le Comte D'IMBER DE LA PLATIÈRE.

MON CHER COMTE,

Rien de plus flatteur pour mon cœu que le témoignage précieux que vous voule bien me donner publiquement de votr amitié. Je fens tout le prix d'une attentio fi délicate; & le plus beau jour de ma vie feroi celui où je pourrois vous démontrer com bien je fais cas de votre charmant Ouvrage Je ne doute pas que MM. de Montgolfie ne foient très-touchés de l'hommage ly rique que vous leur adreffez : Vous le avez fait connoître ici ; ils ne peuvent qu partager la jufte reconnoiffance que je vou dois , & avec laquelle je ne cefferai jamai d'être,

M N CHER COMTE,

Votre ami ,

Le Chev. GRASSET DE SAINT-SAUVEUR

ÉPITRE

MM. DE MONTGOLFIER.

Vous qui du temps de Galiléo,
Auriez excité la fureur
De ces gens à robe mêlée
De noir, de blanc ; donnant l'idée
Et de clémence & de rigueur,
Qui n'eſt ſouvent que la livrée
De l'ineptie & de l'erreur :
Quand la raiſon eſt éclairée,
Sans craindre les Inquiſiteurs
Vous êtes les reſtaurateurs
De cette machine enflammée,
Dont Elie, & ſon Eliſée,
Sans doute étoient les inventeurs.
Montgolfier, la gloire eſt aiſée
A qui ſçait les ſecrets des Dieux.
Planez & parcourez lesCieux,
Quand la loi de Newton s'oppoſe
A votre noble incurſion.
Retenus dans le tourbillon
Des mers que découvrit Hudſon,
Courez vers l'Iſle de Formoſe;
L'Aréomane ſe diſpoſe
A s'embarquer dans un Ballon.
Par la puiſſance magnétique,
Dirigez vos Globes volans ;

Défendez-les ; & des Autans ;
Et de la matière électrique ;
Soyez le Roi d'un élément ,
Dont l'Aigle n'a gardé l'Empire ;
Jufqu'ici , qu'en vous attendant :
Il eft l'emblême du talent ,
Que dans vous le Monarque admire ,
Quand il ennoblit votre fang.
Rien n'eft fi beau que le Génie ;
J'aime la Science & les Arts ;
Mais du cœur pour la bonhommie ,
J'aurai de plus tendres égards.
A mon fens , le premier mérite
Eft de fervir l'humanité.
Naiffant , on eft reffufcité ,
Non loin d'ici , de l'eau-bénite
Le jet , du Chrétien adopté ,
A verfé la fainte gaieté
Au fein heureux où fut porté ,
Tour-à-tour , le couple d'élite
Qu'Annonay voit avec fierté.

L'INVENTION
DES GLOBES
AÉROSTATIQUES.

LES GLOBES,

*Découverte fçavante , que l'on entrevoit pouvoir
appliquer à l'utilité.*

Air : *Jardinier ne vois-tu pas ? ou Margoton de tous les fruits.*

LA DÉCOUVERTE.

D'AVOIR produit fon Newton
Se vantoit l'Angleterre ;
Nous inventons le Ballon ;
Chez nous l'Anglois vient, dit-on ;
Le faire, le faire, le faire.

L'INTEMPÉRIE.

Malgré le Phyficien,
L'hiver caufe la brume ;

Je crains ; par un temps de chien ;
Que maint fçavant Citoyen
S'enrhume, s'enrhume, s'enrhume.

LES MÉDECINS.

Differtez, grands Médecins,
Sur un air inflammable :
Sçaviez-vous tous les chemins,
Pour envoyer les humains
Au Diable, au Diable, au Diable.

L'IMPATIENCE.

Ah ! Meffieurs, pardon, pardon,
Si l'on vous fait attendre.
Si l'on coud mal le Ballon,
On pourra voir la cloifon
Se fendre, fe fendre, fe fendre.

L'ÉTONNEMENT.

Je n'ai jamais vu cela,
Dit la vieille Dorine.
Oh ! le Démon s'en mêla.
Je me défierai de la
Machine, machine, machine.

LES AMANS.

Dorval allant voir Lifon,
Craint que le Papa r'entre ;
Il monte fur un Ballon ;
Le voilà dans la maifon,
Il entre, il entre, il entre.

LES AUTEURS.

Il faut bien des vieux papiers
Pour faire aller le Globe.
Messieurs les Ecrivassiers,
Le feu mis à vos cahiers,
Les gobe, les gobe, les gobe.

LES PLAIDEURS.

A l'Audience un grand Clerc
Se prend aux teins de rose;
Il lorgne : le bon droit perd ;
Mais on va juger en l'air
Les Causes, les Causes, les Causes.

L'ÉLECTRICITÉ.

Les femelles ont trop peur,
Pour monter dans la nue.
Le tonnerre est un Seigneur
Qui punit l'Observateur.
Il tue, il tue, il tue.

LES PARATONNERRES.

Mais on parle d'un Docteur,
Qui, de fil en aiguilles,
A trouvé le Conducteur,
Pour éviter un malheur
Aux filles, aux filles, aux filles.

LA GLOIRE DE MM. DE MONTGOLFIER.

Montgolfier, ces moyens-là,
Employez-les bien vite;

Votre gloire augmentera ;
L'Envie , [elle en crevera]
S'irrite , s'irrite , s'irrite.

LES BAVARDS.

Il eſt bien des Curieux ;
Regardant ſans voir goute ;
D'un procédé merveilleux ;
Raiſonnant , ſans qu'aucun d'eux
S'en doute , s'en doute , s'en doute.

LES ESPÉRANCES.

Parvenez à diriger ;
Vers un but la voiture ;
Faites dire au paſſager :
La route pour voyager
Eſt ſûre , eſt ſûre , eſt ſûre.

LE CRI DE JOIE DE LA NATION POUR LE ROI.

D'Henri, du bon rejetton,
Les plaines ſont accrues,
Prenez-en poſſeſſion,
De LOUIS portez le nom
Aux nues, aux nues , aux nues.

LA VOITURE A LA MODE.

Air : *du nouveau* Confiteor.

J'ARRIVE ici dans le moment,
Aifément cela fe devine,
Et j'arrive affez promptement ;
Puifqu'hier j'étois à la Chine. *Bis.*
O ! mon Iris ! (*bis.*) c'eft furprenant,
Mais je vais vous dire comment. *bis.*

L'amour vint dans mon Cabinet :
Partons, me dit-il, à la hâte.
Et comment faire, s'il vous plaît ?
Je n'ai ni vaiffeau, ni frégate. *bis.*
Vous pouvez bien (*bis.*) tout feul partir
Je refte malgré mon defir. *bis.*

Eh quoi ! dit-il, tu ne fais pas
Comment à préfent on voyage ;
Tu n'as qu'à defcendre là-bas,
Et tu verras ton équipage. *bis.*
On a banni (*bis.*) tous les vaiffeaux ;
Les carroffes & les chevaux, *bis.*

Je defcends, d'un air complaifant ;
Bien convaincu que l'on me berne ;

Quand, dans ma cour, pompeufement,
Je vois une grande lanterne. *bis.*
Vous me prenez (*bis.*) pour un grand fot,
Lui dis-je, avec votre falot. *bis.*

❧❦

Entrons, dit-il, dans ce Ballon,
Car c'eft ainfi que l'on l'appelle,
Je vais vous donner le timon
De cette voiture nouvelle ; *bis.*
Entrez toujours, (*bis.*) & vous verrez
Comment vous vous en trouverez. *bis.*

❧❦

Dans ce Ballon j'entre en tremblant ;
Ma peur fur mon front fe dévoile ;
Je fuis dans les airs à l'inftant :
Chacun me prend pour une étoile. *bis.*
Mon trouble croît (*bis.*) ; & , près des Cieux ;
Au monde je fais mes adieux. *bis.*

❧❦

Toujours pouffé par un bon vent,
Et foutenu par l'athmofphère ;
J'arrive, je ne fcais comment,
Sur le logis de ma Bergère. *bis.*
Arrêtons-nous (*bis.*), c'eft trop de foin,
Je ne veux pas aller plus loin. *bis.*

❧❦

Ne craignons plus rien des jaloux,
Je fais où faire mon entrée.

Iris, j'arriverai chez vous ;
En paffant par la cheminée, *bis.*
Grace à cet art (*bis.*) , de nos Argus ;
Les foins vont être fuperflus *bis.*

❦❦

Ces ailes qu'Amour vante tant,
Ce n'eft rien que du gaz , ma chère ;
Et chacun en peut faire autant ,
Avec des feuilles de fougère. *bis.*
C'eft Montgolfier *bis.* & non l'Amour ,
Qu'il faut implorer en ce jour. *bis.*

LE BALLON-BOUDOIR,

O U

LE TÊTE-A-TÊTE AÉROSTATIQUE,

Dédié à fon Excellence Madame la Comteffe
P. K. A.

Paroles à mettre en Mufique.

Dans l'Éther emportés ,
Mon adorable Hortenfe, *bis.*
Bravons la vigilance
Des jaloux écartés. *bis.*

❦❦

Quel air pur nous faifit ?
Il aggrandit mon être. *bis.*

Vois à tes pieds ton Maître ;
Un transport le ravit. *bis.*

✤✤

Partage mon délire,
Tu meurs, & je respire...
Hortense ! Hortense ! attends.... ; renais,
L'amour, par tes attraits,
Me transmet sa puissance. *bis.*
Par la reconnoissance ,
Tu payes ses bienfaits. *bis.*

✤✤

Admire les beautés,.... de la nature.
Ce n'est qu'ici qu'on vit sans imposture.
Si je trahis les plus tendres sermens,
Conjurez-vous tous , Elémens !

✤✤

Mais un garant plus sûr
T'épargne des allarmes. *bis.*
Qui jouit de ces charmes
Rougit d'un culte impur.

✤✤

Oh ! Dieux ! Ah ! quel moment !... Je vois son trouble...
Un feu terrible & s'accroît & redouble.
Le Balon sert mes desirs amoureux.
Aimons en l'air , pour être heureux,

CHANSON
SUR LES BALLONS.

Air : Mon père étoit pot, ma mère étoit broc, &c;

LE TALMUD.

LA première femme, Lilith ;
   Fut, dit-on féparée ;
Et d'Adam chercha, hors du lit,
   La matière Ethérée.
    Si, dans ce temps-là,
    D'un Ballon déjà,
   Eve fit fa voiture ;
    Ma foi je me ris
    De tant de maris
   Partageant mon injure.

LA RESSOURCE.

On fcait ce qu'ont fait les Amours
   Dans la Ligue & la Fronde.
Ces Enfans gouvernent toujours
   Notre machine ronde.
    Avec des Ballons,
    Sur tous les cantons ;
   Ils règnent en perfonne.
    Si l'invention
    N'eft que du carton ;
   N'importe, dit la Non.

L'ENTREPRENANCE.

On peint les ailes aux talons
Quelques Dieux de la Fable,
C'est des Ecuyers des Ballons
L'attribut véritable.
Du Dieu des Larrons,
Du Dieu des tendrons,
Je leur vois la puissance.
Charles, Montgolfier,
Robert & Rozier
Peuvent tout prendre en France.

LA JOUISSANCE.

Il faut adapter au Ballon
La seringue applicable.
Par de petits coups de piston,
Dardez l'air inflammable.
Alors vous verrez,
Et vous connoîtrez
Ce qu'en bonne Physique
On peut espérer,
Si l'on fait cadrer
Théorie & pratique.

LES AVANT-COUREURS.

Du Dieu qu'adore l'Hélicon,
Abaris le Grand-Prêtre,
Apprit à chauffer le Ballon,
Afin d'en être maître.
Pour le voir s'enfler
Et se boursouffler,

Approchez

Approchez la flamèche :
Hélas ! dans Paris ,
Nul n'a d'Abaris ,
La belle & roide flèche.

COURSE.

Un Elève du fot Simon ,
Le vieux étoit novice ;
Monte aujourd'hui fur un Ballon
Et court un Bénéfice.
On entend crier :
Ah ! le bon Courrier ;
C'eft un Dieu que cet homme !
Il fort d'un boudoir.
Dès le même foir
Il a pris date à Rome.

LES ERREURS.

En Italie , un Phaëton
Eut mauvaife fortune ;
Conduifant le char d'Apollon ;
Il rencontra la Lune.
Il faut l'éviter ;
Il faut redouter
Sa maligne influence :
Mais n'imitez pas
Ces faifeurs de gaz
D'Athènes & de Florence.

LES RESULTATS.

En planant fur le pays Grec ,
On fçait le fort d'Icare ;

B

La cire coule, il eſt à ſec;
Dédale cria, garre!
Il va ſuccomber;
Mon fils va tomber
Dedans la mer d'Egée:
Dans un beau Ballon,
Si la gomme fond,
On eſt à l'apogée.

L'AFFRONT.

Par toi nous ſavons, Maupertuis,
Que l'aiguille aimantée,
Varie au Pôle en ſes conduits,
Et s'en eſt écartée.
Ce ſont les effets
Des creux où ſont faits
De grands amas de rouille
Quand l'aimant eſt bon,
La déclinaiſon,
Vient de notre citrouille.

LE CHOIX.

Gloire immortelle ſeroit *hoc*
A qui, dans l'Empirée
Viſiteroit Elie, Enoch,
Sous la voûte azurée:
Moi j'aimerois mieux,
Plus près de ces lieux,
Voguer avec ma Belle;
Je crains la rigueur
De l'air, à hauteur
Où de froid tout congèle.

LA FELICITÉ.

En Paradis, quand Mahomet
Fit un fi grand voyage,
Sur l'Alborach il en vit fept,
Et tous à notre ufage.
Avec un Ballon,
Loin du tourbillon,
Qu'un feul foit mon partage.
Là, git le bonheur,
Dernière faveur,
Et le myrthe du Sage.

CHANSON EN DIALOGUE,

ENTRE

UN PHYSICIEN ET UN AMATEUR,

M. DE MONTGOLFIER,

ET M. le Comte DE LA PLATIERE.

Air : *C'est donc demain que j'aurai ma Lucette*, ou bien,
Air: *de la Créole.*

L'AMATEUR.

CHER Montgolfier, que j'aime ce voyage,
Au sein des airs avec toi transporté !
Qu'il est flatteur d'entretenir un Sage,
Et de le suivre à l'immortalité.
    Amour ! Amour !
Fais-moi chérir, pour ce pélerinage,
Du bel objet à qui je fais ma cour.

LE PHYSICIEN.

La terre fuit & notre âme s'épure ;
Nous approchons de l'azyle des Dieux.

L'AMATEUR.

Quand mon esprit admire la nature,
Mon cœur encor tient à ses premiers feux.

Zulmis ! Zulmis !
Nul n'a connu fi brillante aventure ;
Si les bontés en deviennent le prix...

L'AMATEUR.

Nous ne tenons qu'une route incertaine ;
L'Art n'apprit pas encor à fe guider.

LE PHYSICIEN.

Jouët du vent, & cherchant fon haleine ;
Ami, l'on peut baifler ou fe guider.

L'AMATEUR.

Hélas ! hélas !
L'Ambitieux & l'Avare, à la gêne,
Paffent leurs jours dans le même embarras.

LE PHYSICIEN.

Confole-toi, vas, notre intelligence
N'eft pas vouée à d'éternelles regrets.
Un jour viendra que l'homme & la fcience ;
De la nature uniront les fecrets.

L'AMATEUR.

Aimer ! charmer !
Ces fimples vœux bornent mon efpérance,
Si ma Zulmis permet de les former.

LE PHYSICIEN.

Avec effort le Ballon fe déploie,
Et nous touchons une autre région,
Livrons nos cœurs à la plus vive joie.
Je vais favoir ce qu'ignoroit Newton.

L'AMATEUR.

Zulmis ! Zulmis !
D'un précurseur, un tréfor fut la proie...
Il t'a laiffé des appas embellis.

L'AMATEUR.

Mondes divers qu'a dépeins Fontenelle,
A nos regards vous allez vous ouvrir.

LE PHYSICIEN.

Ah ! vains defirs ! une main éternelle,
Loin de notre orbe empêche de courir.

J AMATEUR.

Eh bien ! eh bien !
Le fentiment qui me rendra fidèle
Me retiendra dans le plus beau lien.

L'AMATEUR.

Que vois-je , ami , notre Globe s'abaiffe !

LE PHYSICIEN.

Comment refter dans ce pays glacé,
L'homme entreprend , mais la raifon le laiffe
Où du deftin les décrets l'ont placé.

L'AMATEUR.

Je fuis.... furpris....
Dansces bofquets une foule s'empreffe ;
Ah ! c'eft l'Olympe, ou la Cour de Cypris.

L'AMATEUR.

Quand fur les pas de mon Roi, de mon Maître ;
Je vois voler fes fidèles Sujets ,
Et qu'ANTOINETTE aux yeux n'a qu'à paroître ,
Pour des tranfports exciter les accès :

Je dis, je dis :

Ah ! du bonheur, c'eft-là le thermomètre ;
LES DOUX ATTRAITS AUX VERTUS RÉUNIS.

F I N.

www.ingramcontent.com/pod-product-compliance
Lightning Source LLC
Chambersburg PA
CBHW050433210326
41520CB00019B/5906